なぞにせまれ！ 世界の恐竜

せかいのきょうりゅう

監修　渡部真人（古生物学者）

1 アメリカ大陸

～ティラノサウルス、
アルゼンチノサウルス
ほか～

汐文社

ようこそ恐竜の世界へ！

いまから200年ほど前、イギリスで巨大な歯の化石が見つかったのをきっかけに、わたしたちは恐竜の存在を知りました。恐竜が地球を支配していたのは、およそ2億5200万年前～6600万年前。この時代を「中生代」といいます。中生代は恐竜が誕生した「三畳紀」、恐竜が繁栄した「ジュラ紀」、そして恐竜が絶めつした「白亜紀」に分かれています。

現在までに700～1000種類の恐竜が発見されていて、化石をよく調べることで恐竜の姿や食べていたもの、暮らしの様子などがわかります。最新の研究では、脳の形や骨格（手あし）、羽毛など、鳥類と共通する化石がたくさん見つかり、「鳥類は恐竜の一種」と考えられるようになってきました。

では、絶めつしてしまったのはどんな恐竜なのでしょう。第1巻では、恐竜の中でも人気のあるティラノサウルスやトリケラトプスが暮らしていたアメリカ大陸の恐竜たちを見てみましょう。

もくじ

恐竜カードの見方

恐竜のグループです。

恐竜のグループをさらに細かく分けたグループです。

日本語であらわした恐竜の名前です。

獣脚類	ティラノサウルス類
肉食	**ティラノサウルス**
	Tyrannosaurus
	「あばれんぼうトカゲ」
全　長：約13m	白亜紀後期
発掘地：アメリカ、カナダ	

恐竜の学名と名前の意味をあらわしています。

恐竜の食性で肉食、植物食、雑食があります。

恐竜の化石が見つかった国です。

恐竜が生きていた時代です。

恐竜の大きさで、口の先から尾の先までの長さです。

150cm　　　170cm

身長170cm、または身長150cmのおとなと恐竜の大きさをくらべています。

恐竜の進化とグループ分け

最初の恐竜は二足歩行でした。恐竜は体とあしをつなぐための骨盤の形から「鳥盤類」と「竜盤類」に大きく分けられ、さらに以下のように細かく分類されています。

● 恐竜とは？

恐竜は爬虫類の一部が進化した生き物です。恐竜とは別グループの爬虫類のトカゲは体の横からあしがのびていますが、恐竜のあしは体からまっすぐ下におりていたため、効率よく歩くことができました。

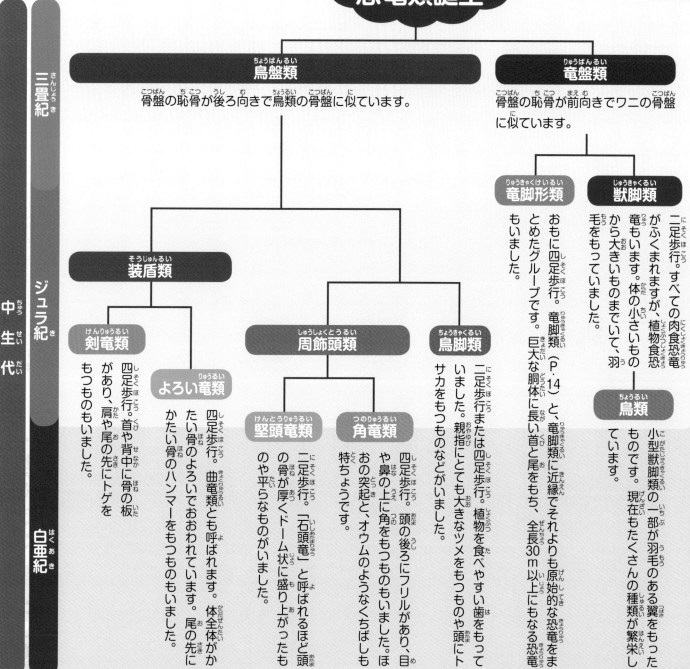

恐竜類誕生

三畳紀 / ジュラ紀 / 白亜紀 — 中生代

鳥盤類
骨盤の恥骨が後ろ向きで鳥類の骨盤に似ています。

竜盤類
骨盤の恥骨が前向きでワニの骨盤に似ています。

装盾類

剣竜類
四足歩行。首や背中に骨の板があり、肩や尾の先にトゲをもつものもいました。

よろい竜類
四足歩行。曲竜類とも呼ばれます。かたい骨のよろいでおおわれています。体全体がかたい骨のハンマーをもつものもいました。尾の先に

周飾頭類

堅頭竜類
二足歩行。「石頭竜」と呼ばれるほど頭の骨が厚くドーム状に盛り上がったもの

角竜類
四足歩行。頭の後ろにフリルがあり、目や鼻の上に角をもつものもいました。ほおの突起と、オウムのようなくちばしも特ちょうです。

鳥脚類
二足歩行または四足歩行。植物を食べやすい歯をもっていました。親指にとても大きなツメをもつものや頭にトサカをもつものなどがいました。

竜脚形類
おもに四足歩行。竜脚類（P.14）と、竜脚類に近縁でそれよりも原始的な恐竜をまとめたグループです。巨大な胴体に長い首と尾をもち、全長30m以上にもなる恐竜もいました。

獣脚類
二足歩行。すべての肉食恐竜がふくまれますが、植物食恐竜もいます。体の小さいものから大きいものまでいて、羽毛をもっていました。

鳥類
小型獣脚類の一部が羽毛のある翼をもったものです。現在もたくさんの種類が繁栄しています。

恐竜が生きる時代へ

背中にある大きな板状の骨で威嚇

命を守るため、のど
には小さな骨が集
まったよろいがある

ステゴサウルス　P.19

4

ジュラ紀の北アメリカ。肉食恐竜のアロサウルスが植物食恐竜のステゴサウルスの親子におそいかかろうとしています。ステゴサウルスが尾の先にある４本のスパイクで反げきしたため、このスパイクで骨に傷がついたアロサウルスの化石が見つかっています。

尾をふってかたいスパイクで反げき

ナイフのようなギザギザのついた歯で肉をかみ切る

アロサウルス　P.12

するどいカギ状のツメでつかみかかる

中生代の北アメリカと恐竜

ララミディア大陸
アパラチア大陸
北アメリカ大陸

赤道

白亜紀の地球

現在の地球

白亜紀の北アメリカ大陸は東西に分かれていた！

中生代のはじめ、パンゲア（P.28）という大きな大陸がありました。ジュラ紀のころに分裂してローラシア大陸（第2巻）とゴンドワナ大陸（第2巻）に分かれました。白亜紀には現在の北アメリカの中央部には浅い海が広がり、東西に分断されました。この西側は「ララミディア大陸」といい、緑豊かな森林と広大な平野に、ティラノサウルスやトリケラトプス（P.16）などが暮らしていました。いまのアラスカあたりはアジアとつながっていて、恐竜が大陸の間を移動していたと考えられています。また竜脚類（P.14）の姿がほとんど消え、カモのようなくちばしをもつ鳥脚類パラサウロロフス（P.18）などが増えました。

大発見！

ティラノサウルス類の新種が発見！

2020年、カナダで50年ぶりにティラノサウルス類の新種が発見されました。ティラノサウルスよりも1000万年前に生きていたと考えられ、全長は約8m。ティラノサウルスよりも小さいですが、当時の上位の捕食者だったと考えられ、死神を意味する「タナトテリステス」の名がつけられました。

獣脚類　　ティラノサウルス類

ティラノサウルス
Tyrannosaurus
「あばれんぼうトカゲ」

肉食

全　長：約13m	白亜紀後期
発掘地：アメリカ、カナダ	

170cm

恐竜時代の最後の覇者であり、
最大級の肉食恐竜です。なんと
いっても頭と歯がとても大きく、
アゴも幅広いのが特ちょうで、
獲物を骨ごとかみくだく力があ
りました。

ティラノサウルス

成長が急激すぎる!

恐竜は鳥と同じかたいカラの卵から生まれます。成長具合は骨の断面から知ることができ、ティラノサウルスの場合は12〜19歳で急激に大きくなります。その成長スピードは、1年間で800kg近くも体重が増えていったという説もあります。20歳になると成長の速度は落ち、28歳ごろ寿命をむかえます。

巨大な頭

肉食恐竜の中でもずば抜けて大きく、頭の長さだけで1.5m以上もありました。

短い前あし

指は2本のみで、どんな役割をしていたかはなぞです。頭やアゴが大きいので前あしは不用になり、小さく退化したともいわれています。

5〜12歳ごろ

ゆるやかに成長する時期。小型の近縁種とされていたナノティランヌスは若いティラノサウルスだったとも考えられています。

子ども

おとなとくらべてあしが長く、体はほっそりしていました。

世界最強の
肉食恐竜!!

羽毛があった？
近縁種の恐竜から羽毛の化石が発見されたため、ティラノサウルスにも羽毛があったのではないかと考えられています。

優れた嗅覚
わずかなにおいも察知し、獲物のいる位置がわかりました。

骨もかみくだくアゴ
食らいついた獲物を骨ごと食べられるほどのかむ力をもっていました。

がんじょうな尾
後ろあしにつながる筋肉があり、体のバランスをとったり、走ったりするときに役立ったと考えられています。

太い後ろあし
約8トンの体重を支えていて、するどいカギ状のツメがありました。

ティラノサウルスの

大きさくらべ!!

歯

歯の長さは根もとをふくめて最大30cm。太い歯は抜けてもすぐに生えかわり、歯のふちはステーキナイフのようにギザギザでした。

ティラノサウルスの化石は
これまでに約50体発見!

発見されたティラノサウルスの化石には、ニックネームで呼ばれるものがあります。たとえば、全身の73%の化石が残っていた「スー」（アメリカ・フィールド自然史博物館所蔵）、推定28歳の最高齢で最大の大きさの「スコッティ」（カナダ・ロイヤル・サスカチュワン博物館所蔵）などが有名です。これらの化石を調べることで、姿や暮らしが見えてきます。

ライオンの歯

「スー」の全身骨格。
ニックネームは、発見者のスー・ヘンドリクソンの名前からつけられました。

百獣の王と呼ばれるライオンのするどいキバの長さでも6㎝ほど。

獣脚類 アロサウルス類

肉食

アロサウルス

Allosaurus

「これまでの恐竜とは異なるトカゲ」

全　長：8〜12m	
発掘地：アメリカ、ポルトガル	ジュラ紀後期

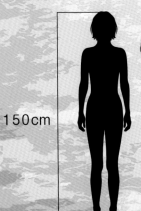

150cm

ジュラ紀の最強肉食恐竜。長いうでとカギ状のするどいツメを使って獲物につかみかかり、ナイフのようなギザギザした歯で肉を切りさいたと考えられています。ティラノサウルス（P.6）よりも頭は小さめですが、動きはすばやかったといわれます。目の上に三角形の角があります。

両目と鼻の上に角がある中型の肉食恐竜です。首から尾にかけて小さなトゲ状の骨がならんでいました。前あしには指が4本あり、アロサウルスよりも原始的な特ちょうを残す種類です。

獣脚類　ケラトサウルス類

ケラトサウルス

肉食

Ceratosaurus

「角のあるトカゲ」

全　長：約6m	
発掘地：アメリカ、タンザニア、ポルトガル	ジュラ紀後期

獣脚類　オルニトミモサウルス類

ストルティオミムス

雑食

Struthiomimus

「ダチョウもどき」

全　長：約5m	
発掘地：カナダ	白亜紀後期

長い首と長いあしをもつダチョウに似た「ダチョウ型恐竜」のなかまで、とくに走るのが速く、時速50kmのスピードで走っていたと考えられています。口に歯がなく、おなかに胃石※が見つかっていることから、植物も食べていたようです。

※胃石……植物食恐竜が植物を消化するためにわざと飲みこんだ石。胃の中で石同士がこすれることで、植物を細かくくだきます。

⁉ 竜脚類に分けられるのはどんな恐竜？

竜脚類とは、ジュラ紀中期から白亜紀末までの間に生きていた「ブラキオサウルス類」、「ディプロドクス類」、「ティタノサウルス類」、「マメンチサウルス類」などの長い首と尾をもつ恐竜のことをいいます。この竜脚類と、三畳紀後期からジュラ紀中期までの間に生きていた「プラテオサウルス」(第3巻) などの、竜脚類によく似た原始的な恐竜をまとめて竜脚形類 (P.3) と呼びます。どちらも同じ祖先から進化したグループです。

竜脚類の中でも、とくに長い首と長い尾をもつ種類の恐竜です。首を水平にのばし、左右に首をふって植物を食べていました。歯は細長いえんぴつ状で、枝から葉だけをとっていました。長い尾をムチのようにしならせ、近寄ってきた肉食恐竜をげき退していたと考えられています。

 竜脚類	ブラキオサウルス類
植物食	**ブラキオサウルス** *Brachiosaurus* 「うでトカゲ」

全　長：約20m	ジュラ紀後期
発掘地：アメリカ	～白亜紀前期

後ろあしよりも前あしが長いため、首がななめ上に向かってのびているのが特ちょうです。あしの底の大きさは１mもあります。長い首とスプーン状の歯を使って、高い木の葉や枝などを食べていたと考えられています。鼻の部分が大きく盛り上がっていました。

 竜脚類	ディプロドクス類
植物食	**アパトサウルス** *Apatosaurus* 「だますトカゲ」

全　長：約21m	ジュラ紀後期
発掘地：アメリカ	

170cm

角竜類　カスモサウルス類

トリケラトプス

Triceratops

植物食

「３本の角のある顔」

全　長：6～9m

発掘地：アメリカ、カナダ

白亜紀後期

ティラノサウルスと同じ時代、同じ地域に生きていた最大級の角竜です。目の上には太くて長い２本の角、鼻先に短い１本の角があり、メスへのアピールや、オス同士でなわばりを争ったり、肉食恐竜と戦ったりするときの武器に使ったと考えられています。フリルは巨大なほどメスを引き寄せるのに役立ちました。口先はくちばしになっていて、口の中にあるたくさんの歯で植物を切りきざむことができました。

150cm

子どものときは角がまだ小さく、成長するとともに大きくなります。

ペンタケラトプス

Pentaceratops

「5本の角のある顔」

全長：約8m	
発掘地：アメリカ	白亜紀後期

植物食

迫力のある大きなフリルは三角形の小さな角でふちどられています。トリケラトプスと同じように3本の角がありますが、ほおの左右の突起とあわせて、5本（ギリシャ語でペンタ）の角（ギリシャ語でケラ）という名前がつけられました。

首をおおうフリルに8本の大きな角と、鼻先に50cmほどの長い角が1本のびていました。角竜は、ほおに突起があるのも特ちょうです。トリケラトプスよりも700万年前に生きていました。

角竜類 セントロサウルス類

スティラコサウルス

Styracosaurus

「トゲ（槍の穂先）をもつトカゲ」

全長：約5.5m	
発掘地：アメリカ、カナダ	白亜紀後期

植物食

白亜紀にあらわれ、北アメリカで栄えた恐竜です。ドーム状に盛り上がった頭部の骨は、厚さが25cmもありました。かたい「石頭」は、オス同士でおしあって強さを競ったり、肉食恐竜に頭突きをして身を守ったりするためだったと考えられています。

堅頭竜類	パキケファロサウルス類

パキケファロサウルス

Pachycephalosaurus

「厚い頭のトカゲ」

植物食

全長：約4m	
発掘地：アメリカ	白亜紀後期

鳥脚類	ランベオサウルス類

パラサウロロフス

Parasaurolophus

「サウロロフスに似ているもの」

植物食

全長：約10m	
発掘地：アメリカ、カナダ	白亜紀後期

白亜紀後期に急激に増えた鳥脚類です。頭にあるトサカのような突起は中が空どうになっていて、ここで息を楽器のようにひびかせて低い音を出すことができました。なかまに合図を送っていたと考えられています。鳥脚類の中でも、カモのようにひらたい口先をもつ種類をまとめて「カモノハシ竜」と呼びます。

ステゴサウルス類

ステゴサウルス

Stegosaurus

植物食

「屋根トカゲ」

全 長：7〜9m

発掘地：アメリカ、ポルトガル

ジュラ紀後期

背中には板状の骨が2列ならんでいました。メスへのアピールや、体温を上げ下げしたりするのに使ったと考えられています。前あしが短いため、頭は低くて尾が高く上がります。尾の先にはかたいスパイクがあり、尾をふりまわして肉食恐竜から身を守りました。

170cm

19

最大級のよろい竜で、尾の先にハンマーのような骨がついていました。この尾は左右にふることができたようで、それで肉食恐竜から身を守ったのではないかと考えられています。

よろい竜類　アンキロサウルス類

アンキロサウルス

植物食

Ankylosaurus

「曲がったトカゲ」

全　長：	約8m
発掘地：	アメリカ、カナダ

白亜紀後期

頭部から尾にかけてかたい骨でおおわれていました。肉食恐竜があらわれたときはその場にふせて、背中や体の横のこの大きなスパイク状になった骨で防御したと考えられています。

150cm

大発見！

よろい竜・ノドサウルス類のミイラ

2011年、カナダの鉱山で、1憶1000万年前に生きていたノドサウルス類の化石が発見されました。この化石は皮ふや体をおおうよろいなど、生きていたときの姿を残したままで見つかった、とても貴重なミイラ化石です。恐竜は新種で「ボレアロペルタ」の名前がつき、化石はロイヤル・ティレル古生物学博物館（カナダ）が所蔵しています。

よろい竜類　アンキロサウルス類

ガストニア

植物食

Gastonia

「ロバート・ガストン（古生物学者）の名前から」

全　長：	4.5〜6m
発掘地：	アメリカ

白亜紀前期

翼竜類

恐竜時代の空を飛んでいた、翼をもつ爬虫類です。三畳紀後期からあらわれ、鳥類をのぞく恐竜と同じように白亜紀末には絶滅しました。

プテラノドン | 白亜紀後期 | アメリカ

翼長※約6mで、頭の後ろにある大きなトサカが特ちょうです。長いくちばしには歯がなく、魚を丸のみして食べていたと考えられています。

※翼長……翼を広げたときの左右の端から端までの長さ。

ケツァルコアトルス

白亜紀後期 | アメリカ

翼長10m以上にもなる大型の翼竜です。地上では四足歩行で、頭までの高さはキリンほどもありました。口に歯はありませんでした。

魚竜類

陸よりも広い海をすみかにした爬虫類のひとつで、イルカに似た体形をしていました。ジュラ紀にもっとも繁栄しましたが、白亜紀後期に入ってまもなく絶滅しました。

ショニサウルス

三畳紀後期 | アメリカ、カナダ

マッコウクジラよりも大きい、全長約15mもある最大の魚竜です。4本のひれと大きな尾びれをもっていました。上下のアゴの前にだけ歯があり、イカや魚などを食べていたと考えられています。

陸上の
最大動物!!

竜脚類

ティタノサウルス類

植物食

アルゼンチノサウルス

Argentinosaurus

「アルゼンチンのトカゲ」

全　長：約35m

発掘地：アルゼンチン

白亜紀後期

170cm

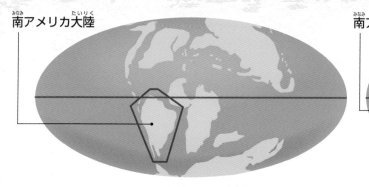

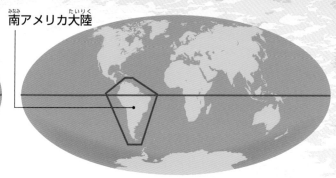

白亜紀で独立した大陸になり恐竜は巨大化!

中生代のはじめごろに存在したパンゲア大陸 (P.28) は、ジュラ紀ごろ南北に分裂をはじめて、南側はゴンドワナ大陸 (第2巻) になりました。現在の南アメリカにあたる場所は白亜紀に入るとどの大陸ともはなれていたため、南アメリカの恐竜たちは独自に進化していきました。とくに北アメリカでは白亜紀後期にはほとんど姿が見えなくなった竜脚類が繁栄し、種類がたくさん増えただけでなく、アルゼンチノサウルスのように巨大化していくものもありました。獣脚類はティラノサウルス (P.6) にひってきする大きさのギガノトサウルス (P.25) などがいましたが、角竜類や鳥脚類はほとんどいなかったと考えられています。

白亜紀に栄えた竜脚類のひとつです。化石は背骨や後ろあしの骨など、全身のわずか10%ほどしか発見されていませんが、その骨の大きさから地球の陸上にすむ動物の中でも最大の動物だったとされています。体重は80〜100トンあったと考えられています。

頭の前後が短く、両目の上に角がありました。前あしがとても短く、指は4本あるのが特ちょうです。この前あしは、何をするときに使っていたのかは、まだわかっていません。体の表面には骨でできた装甲板がたくさんありました。

獣脚類　アベリサウルス類

カルノタウルス

Carnotaurus

肉食

「肉食の雄ウシ」

全　長：7〜9m

発掘地：アルゼンチン

白亜紀後期

⁉️ にくしょくきょうりゅう くち と

肉食恐竜も口を閉じられる？

肉食恐竜といえば、大きく口を開き、するどい歯をむき出しにしているイメージが強いですが、実際は口をぴったり閉じることができたと考えられています。現在の陸上にすむ爬虫類にも乾燥を防いだりするための「くちびる」のようなものと「ほお」のようなものがあります。

150cm

ティラノサウルス（P.6）にひってきする巨体をもつ、南アメリカ最大級の肉食恐竜です。アロサウルス（P.12）のなかまで、するどいカギ状のツメとナイフのような歯をもっていました。

獣脚類　アロサウルス類

肉食

ギガノトサウルス

Giganotosaurus

「巨大な南のトカゲ」

全　長：12〜13m
発掘地：アルゼンチン

白亜紀後期

竜脚類　ディプロドクス類

植物食

アマルガサウルス

Amargasaurus

「アマルガ（アルゼンチンの地名）のトカゲ」

全長：約9m

発掘地：アルゼンチン

白亜紀前期

竜脚類の中では小型で、首から背中にかけて突起（背骨の一部）があるのが特ちょうです。とくに首の突起は長くのび、2列になっていました。この突起と突起の間には、体温の調節や、なかまを見分けるための印として役立つ皮ふがあったのではないかと考えている研究者もいます。このほか、突起は身を守ったり、メスにアピールしたりするためにあったとも考えられています。また呼吸するための空気ぶくろに使ったという説もあります。

170cm

⁉ 化石はどうやってできる？

化石は骨などが長い年月をかけて鉱物に置きかわったものです。死んだ恐竜がすべて化石になるのではなく、ほんの一部だけが化石になります。化石になりやすいのはかたい骨や歯などですが、地面についたあし跡や皮ふなども化石になることがあります。地中深くにある大昔の時代の地層は、変動でおし上げられることがあります。さらに川の流れや海の波などによって地層がけずられます。その結果、化石が発見されます。

●化石になるまで

1　恐竜が川や海で死んだり、洪水で流されたりして水の底にしずみます。その上に土砂がつもり、体は地中にうまります。

2　肉や内臓はだんだんくさってしまい、骨や歯だけになります。

3　年月をかけてつもった土砂の重みと地下水にふくまれる鉱物の作用によって、骨の成分が置きかえられ化石になります。

南アメリカの恐竜以外の生きもの

翼竜類 P.21へ!

アンハングエラ ｜ 白亜紀前期 ｜ ブラジル

体は小さいですが、翼長※約4.5mにもなります。アゴの上下に突起があり、口にはするどい歯が並んでいました。水面の近くを飛びながら、大きな口を水中に差し入れて魚を捕らえて食べていたと考えられています。

※翼長……翼を広げたときの左右の端から端までの長さ。

トゥパンダクティルス ｜ 白亜紀前期 ｜ ブラジル

翼長約3mの中型の翼竜で、大きなトサカがよく目立ちました。くちばしが短いのが特ちょうで、魚を捕らえて食べるよりも、ほかの動物の死がいを食べることを主とする「腐肉食」だったと考えられています。

シーラカンス類

恐竜時代よりも前の古生代にあらわれた魚です。恐竜と同じ時代に絶滅したと思われていましたが、1938年に深海で生きていたことがわかりました。その姿は3億5000万年前から変わっていなかったため、「生きた化石」とも呼ばれています。現在、確認されたシーラカンスは2種のみで、その生態にはまだなぞが多いのです。

アクセルロディクチス ｜ 白亜紀前期 ｜ ブラジル

全長約1mのシーラカンスのなかまです。大きな骨と筋肉がついた立派な胸びれと腹びれを使って、歩くように泳いでいたと考えられています。

中生代

| 約2億5200万年前 ——————————— 約2億100万年前 | ジュラ紀 | 白亜紀 |

恐竜時代のはじまり
三畳紀

シリーズ巻末のこのページでは、恐竜がすんでいた3つの時代の特ちょうを紹介していきます。三畳紀は、爬虫類のなかまがたくさん誕生した時代で、恐竜は三畳紀後期に二足歩行をする小型の爬虫類としてあらわれました。

大陸のようす

パンゲア大陸 ——————

赤道

内陸に乾燥地帯が広がる
超大陸パンゲア!

三畳紀は「パンゲア大陸」と呼ばれる、とても大きな大陸が地球の片側だけにありました。大陸の海岸に近い場所は、シダ植物や針葉樹などの緑におおわれていました。しかし、内陸は平均気温が30度にもなる暑く乾燥した気候で、砂漠が広がっており、生物がすみにくい環境でした。海の水温もいまより高く、赤道あたりの海面では40度もあったと考えられています。

恐竜は後期に出現し
まだ体も小さかった!

三畳紀直前、地球上の生きものが約95%絶滅する「大量絶滅」が起き、それまで最上位の捕食者だった哺乳類の祖先「単弓類」の多くがいなくなりました。それにかわって繁栄したのが、乾燥した環境に強い「主竜類」という爬虫類でした。最初はワニに似た大型の「クルロタルシ類」が最上位の捕食者になりました。恐竜は三畳紀後期にようやくあらわれますが、体はまだ小さく、少数でした。

三畳紀の恐竜

最初の恐竜は体がそれほど大きくなく、二足歩行でした。小動物や植物などを食べる雑食だったと考えられています。

コエロフィシス

アメリカ

初期の竜盤類で体長約3m。群れで行動していたと考えられています。

エオラプトル

アルゼンチン

初期の竜盤類で体長約1m。前の歯は竜脚形類、後ろの歯はするどく、獣脚類に似ていました。

恐竜の誕生

脊椎動物
4億年以上前、海の中に背骨をもつ生きものがあらわれました。

↓

肉鰭類
魚類の中で肺をもち、前後左右のヒレの中に長い骨があり、筋肉が発達したものです。

↓ 陸へ！

両生類
筋肉質なヒレがあしになり、陸上を歩けるようになりました。

単弓類
四足歩行。哺乳類の祖先。

水辺をはなれる！

爬虫類
カラのある卵を陸に産み、乾燥に強いウロコの皮ふをもっています。

空を飛ぶ生活に！

翼竜類
空を支配した爬虫類。

すばやく動きたい！

恐竜類
あしを直立させ、陸上を二足歩行ですばやく走り回れるようになりました。

鳥盤類 **竜盤類**

空へ！

鳥類
小型の獣脚類の一部が進化。

クルロタルシ類
四足歩行。ワニの祖先とそのなかまをまとめたグループ。ワニ類以外は絶めつしています。

海を遊泳する生活に！

魚竜類 **首長竜類**

モササウルス類
海にすみかをもつ爬虫類。

ここで発見された!!

恐竜マップ

北アメリカ大陸

カ ナ ダ

ア メ リ カ

ストルティオミムス	P.13
ティラノサウルス	P.6〜11
パラサウロロフス	P.18
トリケラトプス	P.16
アンキロサウルス	P.20
スティラコサウルス	P.17
ブラキオサウルス	P.15
ティラノサウルス	P.6〜11
プテラノドン	P.21
ケラトサウルス	P.13
パキケファロサウルス	P.18
ステゴサウルス	P.4・P.19
アパトサウルス	P.15
ショニサウルス	P.21
アロサウルス	P.5・P.12
ガストニア	P.20
ケツァルコアトルス	P21
コエロフィシス	P.29
ペンタケラトプス	P.17

北アメリカ大陸　恐竜リスト

●ステゴサウルス…………アメリカ　コロラド州
●アロサウルス……………アメリカ　コロラド州
●ティラノサウルス………カナダ　アルバータ州、
　　　　　　　　　　　　アメリカ　ワイオミング州
●ストルティオミムス………カナダ　アルバータ州
●ケラトサウルス…………アメリカ　ワイオミング州
●ブラキオサウルス………アメリカ　コロラド州
●アパトサウルス…………アメリカ　コロラド州
●トリケラトプス…………カナダ　アルバータ州、
　　　　　　　　　　　　アメリカ　サウスダコタ州
●スティラコサウルス……カナダ　アルバータ州、
　　　　　　　　　　　　アメリカ　モンタナ州
●ペンタケラトプス………アメリカ　ニューメキシコ州

●パキケファロサウルス……アメリカ　ワイオミング州
●パラサウロロフス…………カナダ　アルバータ州、
　　　　　　　　　　　　　アメリカ　ユタ州
●アンキロサウルス…………カナダ　アルバータ州、
　　　　　　　　　　　　　アメリカ　ワイオミング州
●ガストニア………………アメリカ　ユタ州
●ケツァルコアトルス………アメリカ　テキサス州
●ショニサウルス…………カナダ　ブリティッシュコロンビア州、
　　　　　　　　　　　　　アメリカ　ネバダ州
●プテラノドン……………アメリカ　カンザス州
●コエロフィシス…………アメリカ　ニューメキシコ州

その恐竜の化石が発見されたおもな場所をあらわしています。

コロンビア

エクアドル

ペルー

ブラジル

| トゥパンダクティルス | P.27 |

| アクセルロディクチス | P.27 |

| アンハングエラ | P.27 |

ボリビア

パラグアイ

| エオラプトル | P.29 |

アルゼンチン

| ギガノトサウルス | P.25 |

| アルゼンチノサウルス | P.22 |

チリ

| アマルガサウルス | P.26 |

| カルノタウルス | P.24 |

南アメリカ大陸　恐竜リスト

●アルゼンチノサウルス……… アルゼンチン　ネウケン州
●カルノタウルス…………… アルゼンチン　チュブ州
●ギガノトサウルス………… アルゼンチン　ネウケン州
●アマルガサウルス………… アルゼンチン　ネウケン州
●アクセルロディクチス……… ブラジル　　　セアラー州
●アンハングエラ…………… ブラジル　　　セアラー州
●トゥパンダクティルス……… ブラジル　　　セアラー州
●エオラプトル……………… アルゼンチン　サンファン州

その恐竜の化石が発見されたおもな場所をあらわしています。

この恐竜リストは、恐竜以外の翼竜類や魚竜類なども含まれています。

●**監修／渡部真人**（わたべ まひと、古生物学者）

モンゴルの恐竜化石や哺乳類化石の発掘調査研究を１９９３年より行う。現在も調査中。
恐竜以外にも、イランや中国のウマの化石も研究。
『体のふしぎ ウマ編』（アシェット・コレクションズ・ジャパン）、『ダイナソーミニモデル
スカルシリーズ』（Favorite）などを監修。

●**ニシ工芸株式会社**（高瀬和也・佐々木裕・知名杏菜）

児童書、一般書籍を中心に、編集・デザイン・組版を行っている。
制作物に『理科をたのしく！ 光と音の実験工作（全３巻）』、『かんたんレベルアップ
絵のかきかた（全３巻）』（以上、汐文社）、『くらべてみよう！ はたらくじどう車（全
５巻）』、『さくら ～原発被災地にのこされた犬たち～』（以上、金の星社）、『学研の図
鑑 LIVE 深海生物』（学研プラス）など。

●**参考文献**

『世界の恐竜MAP 驚異の古生物をさがせ！』（エクスナレッジ）
『恐竜の教科書 最新研究で読み解く進化の謎』（創元社）
『恐竜がいた地球 ２億５０００万年の旅にGO!（ナショナル ジオグラフィック 別冊）』
（日経ナショナル ジオグラフィック社）
『三畳紀の生物』（技術評論社）
『ティラノサウルスはすごい』（文藝春秋）
『新説 恐竜学』（カンゼン）
『NHKスペシャル 完全解剖ティラノサウルス 最強恐竜 進化の謎』（NHK出版）
『はじめての恐竜図鑑 恐竜大行進 AtoZ
　ティラノサウルスもトリケラトプスも、日本の恐竜もいる！』（誠文堂新光社）
『学研の図鑑LIVE 恐竜』（学研プラス）
『講談社の動く図鑑MOVE 恐竜』（講談社）
『ポプラディア大図鑑WONDA 恐竜』（ポプラ社）

●**編集協力**
　木島理恵

●**イラスト**
　恐竜 CG　　服部雅人
　恐竜イラスト・フィギュア　　徳川広和

●**撮影**
　糸井康友

●**写真提供**
　株式会社アマナ
　Shutter stock

●**表紙デザイン**
　ニシ工芸株式会社（西山克之）

●**本文デザイン・DTP**
　ニシ工芸株式会社（岩上トモコ）

●**担当編集**
　門脇大

この本に掲載されている内容は、特に記載のあるものを除
き、２０２０年７月現在のものです。

**なぞにせまれ！ 世界の恐竜
①アメリカ大陸**
～ティラノサウルス、アルゼンチノサウルスほか～

2020 年 7 月　初版第 1 刷発行

監　修　渡部真人
発行者　小安宏幸
発行所　株式会社汐文社
　　　　〒 102-0071
　　　　東京都千代田区富士見 1-6-1
　　　　TEL 03-6862-5200　FAX 03-6862-5202
　　　　https://www.choubunsha.com/

印刷　新星社西川印刷株式会社
製本　東京美術紙工協業組合